QING SHAO NIAN KE XUE TAN SUO YIN

青少年科学探索

U0630483

基础科学百科

张恩台 编著　丛书主编 郭艳红

宇宙：放眼环宇大世界

汕头大学出版社

图书在版编目（CIP）数据

宇宙 ：放眼环宇大世界 / 张恩台编著. -- 汕头 ：
汕头大学出版社，2015.3（2020.1重印）
（青少年科学探索营 / 郭艳红主编）
ISBN 978-7-5658-1632-1

Ⅰ．①宇… Ⅱ．①张… Ⅲ．①宇宙－青少年读物
Ⅳ．①P159-49

中国版本图书馆CIP数据核字(2015)第026343号

宇宙：放眼环宇大世界　　YUZHOU：FANGYAN HUANYU DASHIJIE

编　　著：张恩台
丛书主编：郭艳红
责任编辑：胡开祥
封面设计：大华文苑
责任技编：黄东生
出版发行：汕头大学出版社
　　　　　广东省汕头市大学路243号汕头大学校园内　邮政编码：515063
电　　话：0754-82904613
印　　刷：三河市燕春印务有限公司
开　　本：700mm×1000mm 1/16
印　　张：7
字　　数：50千字
版　　次：2015年3月第1版
印　　次：2020年1月第2次印刷
定　　价：29.80元
ISBN 978-7-5658-1632-1

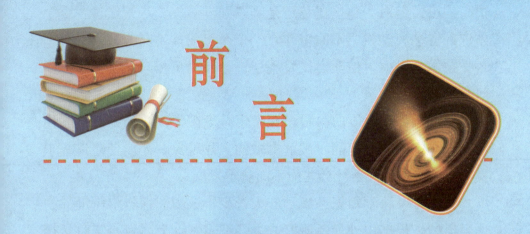

前　言

　　科学探索是认识世界的天梯，具有巨大的前进力量。随着科学的萌芽，迎来了人类文明的曙光。随着科学技术的发展，推动了人类社会的进步。随着知识的积累，人类利用自然、改造自然的的能力越来越强，科学越来越广泛而深入地渗透到人们的工作、生产、生活和思维等方面，科学技术成为人类文明程度的主要标志，科学的光芒照耀着我们前进的方向。

　　因此，我们只有通过科学探索，在未知的及已知的领域重新发现，才能创造崭新的天地，才能不断推进人类文明向前发展，才能从必然王国走向自由王国。

　　但是，我们生存世界的奥秘，几乎是无穷无尽，从太空到地球，从宇宙到海洋，真是无奇不有，怪事迭起，奥妙无穷，神秘莫测，许许多多的难解之谜简直不可思议，使我们对自己的生命现象和生存环境捉摸不透。破解这些谜团，有助于我们人类社会向更高层次不断迈进。

　　其实，宇宙世界的丰富多彩与无限魅力就在于那许许多多的难解之谜，使我们不得不密切关注和发出疑问。我们总是不断地去认识它、探索它。虽然今天科学技术的发展日新月异，达到了很高程度，但对于那些奥秘还是难以圆满解答。尽管经过古今中外许许多多科学先驱不断奋斗，一个个奥秘被不断解开，推进了科学技术大发展，但随之又发现了许多新的奥秘，又不得不向新问题发起挑战。

宇宙世界是无限的，科学探索也是无限的，我们只有不断拓展更加广阔的生存空间，破解更多的奥秘现象，才能使之造福于我们人类，我们人类社会才能不断获得发展。

为了普及科学知识，激励广大青少年认识和探索宇宙世界的无穷奥妙，根据中外最新研究成果，编辑了这套《青少年科学探索营》，主要包括基础科学、奥秘世界、未解之谜、神奇探索、科学发现等内容，具有很强系统性、科学性、可读性和新奇性。

本套作品知识全面、内容精炼、图文并茂，形象生动，能够培养我们的科学兴趣和爱好，达到普及科学知识的目的，具有很强的可读性、启发性和知识性，是我们广大青少年读者了解科技、增长知识、开阔视野、提高素质、激发探索和启迪智慧的良好科普读物。

目 录

宇宙的形成和演变

宇宙的形成

大约在150亿年前，宇宙所有的物质都高度密集于一个很小、温度极高、密度极大的原始火球，后来原始火球发生了大爆炸，物质开始向外大膨胀，就形成了今天我们看到的宇宙。在这150亿年中先后诞生了星系团、黑洞和星系等。

宇宙的尽头

"宇宙大爆炸理论"提出宇宙是周而复始地从诞生至消亡，再诞生、再消亡的轮回。按照宇宙诞生后就急速扩大的宇宙模型，可以计算出现今宇宙的年龄为150亿年。这就是说，从地球到宇宙"尽头"的距离，理论上应是150亿年。

宇宙的膨胀

科学研究发现，宇宙不是永恒的，而是在不断地膨胀中。宇宙的不平衡现象最早是由一位德国的医生发现的，他在夜空观察星星时发现，每个星球间的距离并没有因万有引力而彼此靠近。那么，在星球之间必定存在另一种力量抵消了它们之间的万有引力，他就

把这现象假设为宇宙在不断地膨胀。

宇宙里的红移

科学家发现宇宙中存在红移现象，也就是说如果对应的星系正在靠近我们，它的辐射就向短波方

向偏移，俗称蓝移，即移向蓝光方向的波长。靠近我们的速度越快，蓝移的幅度就越大。相反，如果星系正在远离我们，它的辐射就向长波方向偏移，也就是红移，即移向红光方向的波长。同样远离我们的速度越快，红移的幅度就越大。

1931年，美国天文学家利用先进的天文望远镜发现，在银河

系外仍有很多星系，并且在不断地膨胀，至此才使得宇宙膨胀的理论得到证实。

热大爆炸宇宙学

这种学说认为，宇宙膨胀是按"绝热"的方式进行，即宇宙是从热至冷演变的。在宇宙早期，辐射和物质的密度都很高，光子被物质吸收或散射，然后物质发射出光子，辐射和物质频繁地相互作用，当宇宙温度下降时，质子与电子结合成氢原子对辐射的吸收减少，物质跟辐射不再相互作用，光子便可以在空间自由穿行。微波背景辐射的发现，有力地支持了热大爆炸宇宙模型，因此，热大爆炸宇宙学得到了大多数科学家的认同。

暴胀宇宙学

这个学说是美国科学家古思、温伯格和威尔茨克3人于1979年至1981年提出的。这个学说认为，在大爆炸后不到10秒至35秒的瞬间，宇宙迅速膨胀，故称为暴胀。这种学说还认为引力强度会导致宇宙膨胀速率减慢。当暴胀阶段终了，宇宙过渡至今天的平缓状态，物质分布不均匀现象便产生了。

宇宙中的黑洞

黑洞是一种引力极强的天体。黑洞的所谓"黑"，表明它不向外界发射和反射任何光线，因此人们无法看见它。所谓"洞"，是表明任何东西一旦进入它的边界便休想再出去，所以

它活像一个真正的"无底洞"。

黑洞强大的引力场还足以摧垮其内部的一切物体，就连光也不能逃脱。所以黑洞内部不具备任何类型的物质结构，这就是著名的"黑洞无常定理"。

宇宙白洞

白洞是否存在，至今尚无观测证据。有人认为，白洞并不存在，因为，所谓的白洞外部的时空性质与黑洞一样，白洞可以把它周围的物质吸积到边界上形成物质层。只要有足够多的物质，引力坍缩就会发生，导致形成黑洞。另外，按照目前的理论，大质量恒星演化至晚期可能经坍缩而形成黑洞，但并不知道有什么过程会导致形成白洞。如果白洞存在，则可能是宇宙大爆炸时残留下来的，有底称为洞，无底的称为道。

宇宙中的灯塔

脉冲星并非或明或暗地闪烁发光，而是发射出恒定的能量流。只是这一能量汇聚成一束非常窄的光束，从星体的磁极发射出来。星体旋转时，这一光束就像灯塔的光束或救护车警灯一样扫过太空。只有当光束直接照射到地球时，我们才能探测到脉冲信号。这样，恒定的能量流汇聚成的光束就变成了脉冲光。

来自天体的脉冲信号

1967年夏天，著名的英国射电天文学家休伊什和女研究生贝尔小姐发现了一个能发射无线电脉冲的天体。后来这个天体被命名为脉冲星。它很有规律地发射一断一续的脉冲，每经过1.337秒就重复一次，这是脉冲星自转的结果。

宇宙的自然和谐

宇宙的运动有规律而且和谐，这似乎已成为一种万古不变的信条。毕德哥拉斯学派提出"美是和谐与比例"，进而指出，人类生活的宇宙正是由于这种和谐才演化至今天并且秩序井然的。现代物理学家爱因斯坦则指出，宇宙这种先定的和谐可以给人以美感和快感。

延 伸 阅 读

大爆炸理论：该理论认为宇宙是由一个致密炽热的奇点于150亿年前一次大爆炸后膨胀形成的。1929年，美国天文学家哈勃提出星系的红移量与星系间的距离成正比的哈勃定律，并推导出星系都在互相远离的宇宙膨胀说。

宇宙的形状和范围

宇宙的形状

通常认为，宇宙是扁平和无限的，但一批天体物理学家却对此提出异议，认为宇宙的形状可能像一个足球。也有科学家认为，宇宙是由弯曲的五角形面组成的，主要根据是来自于卫星拍摄的140亿年前大爆炸释放出来的辐射，这些辐射至今仍在以微波的形式冲击太空。

宇宙的奇壳

闭合的宇宙时空理论模型是由爱因斯坦建立的。我们知道，在宇宙时空持续加速膨胀的情况下，当其膨胀速度达到无穷近似于光速时，宇宙时空就会形成一个壳状的、呈现出各种类似于黑洞性质及特征的天然屏障，我们称之为奇壳。

内宇宙

宇宙开始发生膨胀时，产生爆炸，致使光线指向空间极端，这一过程类似于地球上的白天。

空间进入宏观世界，宇宙便不断扩张，到一定程度时足够的光线挤压宇宙壁向外推动外宇宙，外宇宙得以作用于内宇宙，形成压力，压缩内宇宙，此时空间便向时间转化。

内宇宙就会发生坍塌式爆炸，宇宙逐步收缩转化为时间，进入微观世界，这类似于地球的黑夜。

外宇宙

是由空间和时间组成的均匀分布的环绕在内宇宙的一组组相对平衡的无限虚点构成。表现为稳定的静止，当足够的能量通过宇宙壁作用于它时，就会像弹簧一样产生反作用。

反作用致使组成外宇宙中虚点中的时间和空间通过宇宙壁网眼向内宇宙渗漏，从而发生坍塌式或膨胀式爆炸。

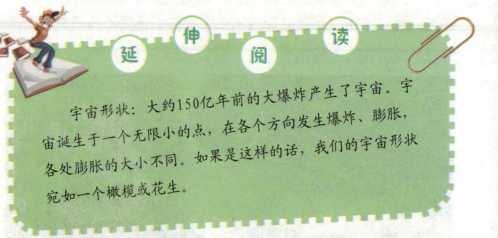

延 伸 阅 读

宇宙形状：大约150亿年前的大爆炸产生了宇宙。宇宙诞生于一个无限小的点，在各个方向发生爆炸、膨胀，各处膨胀的大小不同。如果是这样的话，我们的宇宙形状宛如一个橄榄或花生。

宇宙的黑子和星云

黑子

太阳黑子是太阳光球层上出现的暗黑色斑点，黑子其实并不黑，它的温度在4500摄氏度左右，由于它比周围的高温低了1500摄氏度左右，看起来就呈现为黑色的斑点。黑子其实也不小，小黑子的直径为1000公里左右，大黑子或者是黑子群，直径可达10万公里以上。

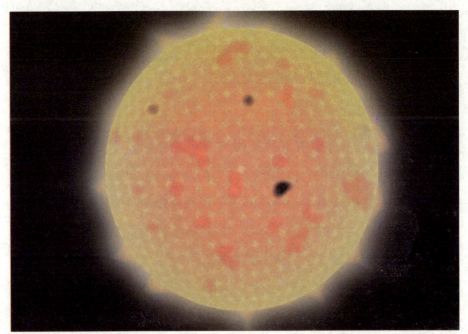

红月

傍晚初升的月亮呈橙红色。在月全食时，看到的月亮也是红色的。这是因为月亮的颜色受大气透明度影响，波长短的蓝端光线容易被这些悬浮物吸收或散射，使月光"红化"。在透明度差的时候，初升的月亮甚至呈橙红色。

上帝之眼

2009年2月26日，据英国报道，欧洲天文学家从浩瀚太空拍摄到了看似目不转睛的"宇宙眼"的壮观照片，并称之为"上帝之眼"。其蔚蓝色瞳孔和白眼球的四周是肉色的眼睑，与我们的眼睛像极了。"上帝之眼"浩瀚无边，它散发的光线从一侧到另一侧需要两年半时间。这个物体其实是由位于宝瓶座中央的一颗昏暗恒星吹拂而来的气体和尘埃形成的外壳。据推测太阳系在未来50亿年内也将遭受同样的命运。

鬼星团

鬼星团位于巨蟹座，因其位置在鬼宿而得名，又称蜂巢星团，中国古代称为积尸气。在西方古罗马神话中，火星被称之为"战神"。而火星的右上角则是第四号小行星"灶神星"，它是第四颗被发现的小行星，亮度很暗，肉眼见不到。但从5月31日至6月上旬，它会慢慢地接近巨蟹星座的蜂巢星团，所以用巨蟹星座内的上述天体定位，可以比较容易地找到它。天文爱好者凭借小型天文望远镜就能看到其神秘的色彩。

宇宙玫瑰

2010年3月，美国宇航局红外探测器捕捉到绚丽的宇宙深空美景，这些像绚丽花朵状的宇宙尘埃中有大量新诞生的恒星，天文学家将这一美景比作"宇宙玫瑰"。星际尘埃之所以呈现红色，是因为恒星释放出的热量所导致的，而恒星云边缘物质则呈现为绿色。

宇宙长城

宇宙长城并不是单指某个星系，而是一大群星系的集合。星系有成群出现的现象叫作星系群，而星系群也有成群出现的现象，叫作超星系团。例如我们的银河系就属于本星系群，本星系群是本超星系团的成员之一。通过观测发现，宇宙中的大量星系都集中在一些特定的区域上，在这种极大的结构上看去就像是长长的链条。

这个链条长约7.6亿光年，宽达2亿光年，而厚度为1500万光年，看上去显然就是一条不规则的薄带子的样子，所以叫宇宙长城。

太阳星云

1734年，伊曼纽·斯威登堡最早提出太阳星云是让地球所在的太阳系形成的气体云气的假说。1755年，熟知斯威登堡工作的康德将理论做了更进一步的开发，他认为在星云慢慢地旋转下，由于引力的作用，云气逐渐坍塌和渐渐变得扁平，最后形成恒星和行星。1796年，法国著名的天文学家拉普拉斯也提出了相同的模型。这些被认为是早期的宇宙论。

太阳海啸

太阳海啸，一般是指由于太阳上的爆发现象所激发的扰动现象。太阳上的爆发现象一般包括耀斑、日冕物质抛射和爆发日

珥。最新研究认为，太阳上的耀斑或者日冕物质抛射是扰动现象的源头。

天文学家认为，太阳海啸类似于地球海洋发生的海啸，像海浪一样，太阳海啸也是释放能量的结果，导致产生了巨大的压力波，并通过某种媒介来传播，在地球上的媒介是海水，而在太阳上则是炽热躁动的太阳气体。

长江大全食

长江大全食又叫2009年长江大日全食。这次日全食最重要的是平均日食持续时间长，覆盖的人口最多。此次日全食可能是近百年来出现的最完美的一次日食，是在1991年至2132年之间发生的日食中持续时间最长的一次。

半影月食

地球的影子分为"本影"和"半影"。

月球在围绕地球运行中，如果进入地球的本影，这个影子就会遮住投射到月面上的全部阳光，月亮会显得很昏暗，几乎看不见。但如果只穿过半影，这个半影只能遮住投射到月面的一部分阳光，这时我们就会看到月亮比原来灰暗一些，亮度有所减弱，但不至于全部看不见，这就是半影月食。

蓝月亮

蓝月亮，并非指蓝色的月亮，而是指一种天文现象，但部分地区由于环境的改变也能看到蓝色的月亮。在天文历法中，当一个月出现两次满月时，第二个满月就被赋予一个充满神秘浪漫色彩的名

字，即"蓝月亮"。如南、北美洲和欧洲等地在2009年12月2日已经出现过一次满月，因在2010年的新年夜满月再次出现，故将该次满月称为蓝月亮。

假月

假月的现象是指在天空能看到不止一个月亮，而是在月亮侧方出现若干个红色的小月亮，隐约可见。

假月位于与月亮同一高度角并通过月亮的圆弧上，是由于冰晶反射、折射作用而生成的微弱光斑。假月产生的原因与月晕比较相似，即高空中云层里积有一些细小水珠，当月光透过水珠发生折射后，形成镜像，即为"假月"。假月一般呈内红外紫的圆形或椭圆形，数量一至多个不等。

月亮蜃景

月亮蜃景，这种难得一见的自然现象是光经过不同温度的空气层发生光线折射而形成的，属于一种蜃景，类似海市蜃楼。这种罕见的天文现象被法国科幻小说家儒勒·凡尔纳称为"伊楚利亚花瓶"。

五星连珠

五星连珠指的是从地球上看天空，水星、金星、火星、木星与土星等五大行星排列得非常近，就像一条美丽的珠链的天文现象。1997年11月30日曾发生过五星连珠，其张角为100度。2002年5月5日也发生过五星连珠，其张角为40度。据预测下一次五星连珠将在北京时间2040年9月9日中午12时出现。

六星连珠

2011年5月11日，水星、金星、木星、火星、天王星、海王星大致沿着黄道排成一线，形成了六星连珠现象。所谓六星连珠，并不是说6颗行星如冰糖葫芦般连成笔直的一条线。人们只能在特定的角度才能看见它们像在同一条线上，换一个角度看，就会有落差。

九星连珠

九星连珠是九大行星全部会聚在太阳一侧运行的奇特天象。

也就是说，当其他行星来到地球与太阳连线附近时，将会发生"行星连珠"的现象。

不过，这是在一个扇形的范围内发生的"行星连珠"，所以远离地球的其他行星距直线也相当遥远。确定上述条件的理由是，在这个扇形范围内的行星作用于地球的引力方向大致相同。

从17世纪以来先后于1624年、1803年和1982年发生过九星连珠现象。

土星冲日

所谓冲日，就是指外行星运行到与地球、太阳成一直线的状态，而地球恰好位于太阳与外行星之间的一种天文现象叫

"冲"。土星冲日是指土星、地球、太阳三者依次排成一条直线，也就是土星与太阳黄经相差180度的现象。冲日前后的土星距离地球最近，也最明亮。这种天文现象每隔378天便会出现一次，在此期间，土星将始终出现在东南天空，天文爱好者可在双子座附近非常容易地找到土星。这是一年里土星距离地球最近的日子，亮度达到0.5星等。太阳落下后，土星将从东北方升起，子夜时分到达正南方，与地平线下方的太阳遥遥相对，直至第二天黎明太阳升起时才会落下。

陨石雨

陨石雨是天文自然奇观。大陨石陨落过程中呈飞行状态，加之受地球引力摄动，在与大气的摩擦过程中会发生爆裂，从而分

裂成许多小块，一齐飞流直下，宛如暴雨、冰雹一般散落地面，人们称为陨石雨。

严重的陨石雨撞击地面时，除可能伤害人畜外，也会在地貌上造成陨石坑群。此外，陨石散落地面还会造成该地区地震。

土星合月

土星合月就是土星和月球正好运行到同一经度上，此时两者间的距离最近。届时土星将戴上草帽状的光环，并依附月球近距离展现星姿，土星合月的天文趣象只需用肉眼即可见到。通常情况下，人们所说的"合月"是广义上的，即月亮正好运行到一颗亮星附近几度时，就可以说这颗星合月或月合这颗星。

金星合月

金星合月就是金星和月亮正好运行到同一经度上，两者之间的距离达到最近。它是行星合月天象中的一种，金星合月是行星合月天象中除木星合月外观赏效果最好的。金星合月现象大约每30天发生一次，只要月亮每追上金星一次，就是一次金星合月。

延　伸　阅　读

2012年出现的天文奇观：1月31日，第二大的近地小行星爱神星在地球大约0.179AU的距离掠过。5月21日，日环食，我国华南、日本南部可见。12月21日，玛雅历第五纪元结束，行星"Nibiru"将于此日最接近地球，对地球会造成影响。

宇宙的活跃星系

椭圆星系

椭圆星系外形呈正圆形或椭圆形，中心亮，边缘渐暗。直径范围是1000秒至150千秒差距。总光谱型为K型，是红巨星的光谱特征。星系形成理论认为，椭圆星系是由两个旋涡扁平星系相互碰撞、混合、吞噬而成。

螺旋星系

在螺旋星系中，螺旋臂的形状近似对数螺线，在理论上显示大量恒星一致转动造成的干扰模式。像恒星一样，螺旋臂也绕着中心旋转。当恒星进入螺旋臂时就会减速，因而创造出更高的密度。螺旋臂能被看见，是因为高密度促使恒星在此处诞生，因而螺旋臂上有许多明亮和年轻的恒星。

漩涡星系

太阳系所处的银河系是一个漩涡星系，主要由质量和年龄不尽相同的数以千亿计的恒星和星际介质，即气体和尘埃所组成。它们大都密集地分布在银河系对称平面附近，形成银盘，其余部分则散布在银盘上下近于球状的银晕里。

恒星和星际介质在银盘内也不是均匀分布的，而是更为密集地分布在由银河中心伸出的几个螺旋形旋臂内，成条带状。

棒旋星系

棒旋星系是由于旋涡星系的核心中有明亮的恒星涌出，并聚集成短棒，横越过星系的中心而形成的；其旋臂就像是由短棒的末端涌现至星系之中。一般的螺旋形星系的中心是有圆核的，而棒旋形星系的中心是棒形状，棒的两边有旋形的臂向外伸展。

矮星系

矮星系是光度最弱的一类星系，在50000秒差距之外是看不到的。有的矮星系是椭圆星系，也有的是I型不规则星系。这两种矮星系都是较小的，成员星通常也不多。尽管椭圆星系和螺旋星系比较突出，但是宇宙中大部分的星系都是矮星系，它们都不到银河系1/100的大小，只拥有数十亿颗恒星。许多矮星系可能都会环绕着单独的大星系运转。矮星系可以分成椭圆、螺旋和不规则三类。因为矮椭圆星系外观上与大的椭圆星系有一点相似，因此它们经常被称为矮球状星系。

活跃星系

有部分我们观察到的星系被称为活跃星系。也就是说，来自星系的总能量除了恒星、尘埃和星际介质之外，还有另一个重

要的来源。像这样的活跃星系核的标准模型，根据能量的分布，认为是物质掉入位于核心区域的超重质量黑洞造成的。从由核心喷发出的相对喷流发射出无线电频率的活跃星系被分类为无线电星系。

不规则星系

指外形不规则，没有明显的核和旋臂，没有盘状对称结构或者看不出有旋转对称性的星系。在全天最亮星系中，不规则星系只占5%。按星系分类法，不规则星系分I型和II型两类。I型的是典型的不规则星系，除具有上述的一般特征外,有的还有隐约可见不甚规则的棒状结构。II型的具有无定型的外貌，分辨不出恒星和星团等组成成分，而且往往有明显的尘埃带。

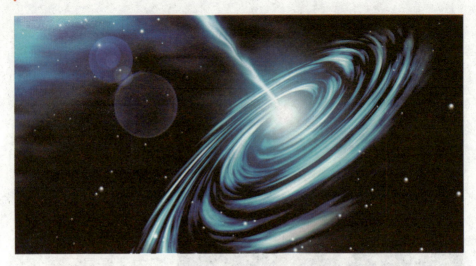

透镜星系

在椭圆星系中，比E7型更扁的并开始出现旋涡特征的星系，被称为透镜星系。

透镜星系是椭圆星系向旋涡星系或者椭圆星系向棒旋星系过渡时的一种过渡型星系。也可以说，透镜星系是失去了气体的旋涡类星系。

延 伸 阅 读

最令人迷惑不解的星系：科学家推测我们的宇宙到处都有暗物质存在，但旋涡星云NGC 4736中却找不到无形的暗物质。观察发现，它的旋转能完全依靠可观察的物质的引力来解释，科学家推测，这个星系没有暗物质或者暗物质非常少。

银河系的构成

星团

星团是指恒星数目超过10颗以上，并且相互之间存在物理联系的星群。由10多颗至几千颗恒星组成的，结构松散，形状不规则的星团称为疏散星团。

他们主要分布在银道面，因此又叫作银河星团，主要由蓝巨星组成。

恒星

在一部分恒星中，最外层是高温低密度星冕。由于不同恒星运动的速度和方向不一样，它们在天空中相互之间的相对位置会发生变化，这种变化称为恒星的自行。

恒星在宇宙中的分布是不均匀的，并且通常都是与星际间的气体、尘埃一起存在于星系中。

河内星云

河内星云实际就是指星云，是银河系内的星际物质，星际物质与天体的演化有着密切的联系。恒星抛出的气体即成为星云的部分，星云物质在引力作用下压缩成为恒星。在一定条件下，星云和恒星是能够互相转化的。

星云包含了除行星和彗星外的几乎所有延展型天体。它们的主要成分是氢，其次是氦，还含有一定比例的金属元素和非金属元素。

星际尘埃

星际尘埃是分散在星际气体中的固态小颗粒。根据星光的消

光量可推断出这种消光物质大致是固体颗粒。

　　星际尘埃质量密度估计约为气体密度的1%。尘埃的物质可能是由硅酸盐、石墨晶粒、水以及甲烷等冰状物所组成。

延 伸 阅 读

　　银河系模型：是从总体上研究银河系质量分布和结构的一种简化模式。银河系模型不同于真实的银河系，它只是为研究方便而采取的模拟手段。

太阳系的结构

太阳

太阳是太阳系的中心天体，是行星的光和热的源泉。它是一个直径为139.2万公里的气体球，表面温度约6000开尔文。自转一周要25天，在两极附近自转一周需35天。它的寿命估计为100亿年，目前已度过了约50亿年。

光球

太阳光球就是太阳圆面，通常所说的太阳半径也是指光球的

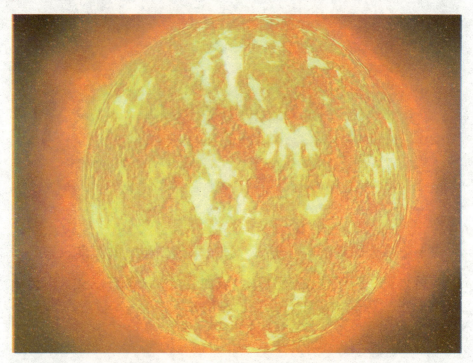

半径。光球层位于对流层之外，属太阳大气层中的最低层或最里层。光球的表面是气态的，其平均密度只有水的几亿分之一，但由于它的厚度达500公里，所以光球是不透明的。

日珥

日珥是色球层表面向日冕喷射出的绯红色的火焰状气体，又称红焰。日珥主要成分为氢，密度高于周围的日冕，但温度稍低。日珥是太阳活动的重要标志之一，低纬区的日珥分布与黑子的分布相似，按11年太阳活动周不断漂移。日珥是突出在日面边缘外面的一种太阳活动现象。它们比太阳圆面暗弱得多，在一般情况下被日晕，即地球大气所散射的太阳光淹没，不能被直接看到。因此必须使用太阳分光仪、单色光观测镜等仪器，或者在日全食时才能观测到日珥。

日冕

指太阳大气的最外层，它是一层稀薄的完全电离的气体。其物质十分稀薄，非常暗弱，呈白色或淡黄色。日冕的范围很大，厚度可达几个太阳半径或更厚，温度高达100万摄氏度，并且随高度的增加而递增。日冕是太阳风和射电爆发的源地。

日冕可人为地分为内冕、中冕和外冕三层。内冕从色球顶部延伸至1.3倍太阳半径处；中冕从1.3倍太阳半径处至2.3倍太阳半径处，也有人把2.3倍太阳半径以内统称内冕，大于2.3倍太阳半径处称为外冕。

耀斑

耀斑是太阳的色球层上空突然发亮并迅速增强的现象，又称色球爆发。一次爆发释放的能量巨大，相当于百万吨级氢弹威力的100亿倍！耀斑活动周期为11年，到达地球时，会引起磁暴、

极光、无线电短波通讯中断等现象，故称耀斑为太阳活动的主要标志。耀斑的能量主要来自于日冕突然释放的磁能。耀斑出现后，可以观察到亮度突然增加，射电波、紫外线、X射线流量也会猛增，有时还会发射高能的γ射线和高能带电粒子。

太阳风

由于日冕温度高达100万摄氏度以上，又距太阳表面较远，受到的引力较小，所以，高温发出的大量高能带电粒子流不断地飞逸到行星际空间，被称为太阳风。

在地球轨道附近，太阳风的速度每秒达450公里。黑子等太阳活动频繁时，太

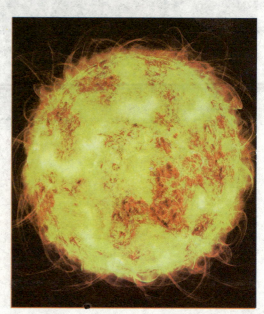

阳风的强度和速度也相应地加大。在太阳风的影响下，还会产生磁暴等现象。

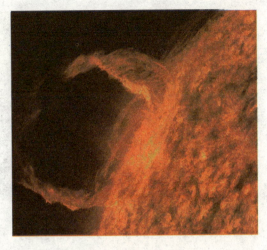

太阳活动

指出现在太阳大气各层次的物理现象和物理过程的总称。主要指光球层上的太阳黑子、光斑，色球层上的耀斑、日珥，以及日冕层的太阳风等活动。

一般由太阳大气中的电磁过程引起，时烈时弱，平均以11年或22年为周期。处于活动剧烈期的太阳辐射出大量紫外线、X射线、高能带电粒子流和强射电波，往往会引起地球上极光、磁暴和电离层扰动等现象。

活动强烈时的太阳，称为扰动太阳；活动微弱时的太阳，称作宁静太阳。太阳活动的明显标志是太阳黑子和耀斑。

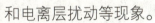

磁暴

地球磁场的强烈扰动叫磁暴。平均每年可发生10次左右，此现象发生突然，在一小时或更短时间内磁场经历显著变化，然后可能要历时几天才回到正常状态。

磁暴一般发生在太阳活动较为强烈的时候。当磁暴发生时，地球磁层被压缩，高纬度地区常伴有极光现象。

太阳极光

太阳极光是原子与分子在地球大气层最上层，距离地面100公里至200公里处的高空运作激发的光学现象。由于太阳的激烈活动放射出无数的带电微粒，当带电微粒流射向地球进入地球磁场的作用范围时，受地球磁场的影响，便沿着地球磁力线高速进入到南北磁极附近的高层大气中，与氧原子、氮分子等质点碰撞，因而产生了电磁风暴和可见光的现象，这就成了众所瞩目的"极光"。

日食的形成

如果月球运行到地球和太阳之间，太阳、月球和地球三者恰好或近于形成一条直线，则月影就会投向地球，在月影扫过的地面将会发生日食。日影分本影、伪本影和半影三部分。日食一般发生在农历初时。

日全食发生时，根据月球圆面同太阳圆面的位置关系，可分成5种食相：一是初亏，即日食的开始；二是食既，大约一小时后，月球的东边缘和太阳的东边缘相内切，是日全食的开始；三是食甚，是太阳被食最深的时刻；四是生光，月球西边缘和太阳西边缘相内切，是日全食的结束；五是复圆，月球西边缘和太阳东边缘相接触，日食结束。

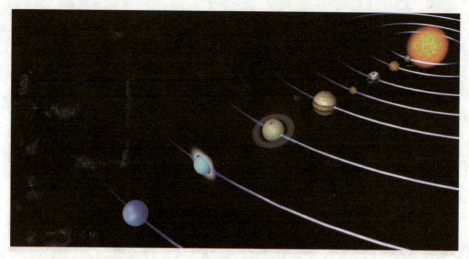

太阳的行星

是指在偏心率不大的椭圆轨道上环绕太阳运行的，近似球形的天体。行星本身不发光，靠反射太阳光而发亮。

行星在恒星背景上有明显的相对运动，而且总是在黄道附近运动，行星存在一定的视圆面，所以在大气抖动下，不像点状的恒星那样闪烁不定。

太阳系现有8颗行星，即水星、金星、地球、火星、木星、土星、天王星和海王星。

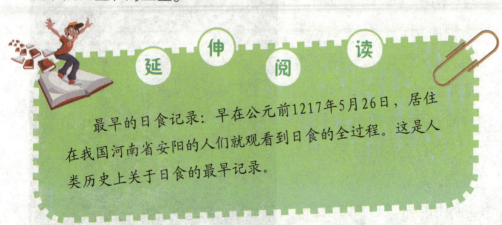

延 伸 阅 读

最早的日食记录：早在公元前1217年5月26日，居住在我国河南省安阳的人们就观看到日食的全过程。这是人类历史上关于日食的最早记录。

河外星系扫描

仙女座河外星系

是一个巨大的旋涡星系，也称"仙女座大星云"。它的构造与银河系类似，有密集的核、旋臂、星系盘和星系晕，包含有

3000亿至4000亿颗恒星，还有恒星云和暗黑区域，另有变星、星团和新星等特殊天体。仙女座河外星系与银河系相距200万光年。

室女座河外星系

又称草帽状星系，是巨大的旋涡星系。从侧面看中央突出呈球形，赤道边缘呈盘状，四周有旋臂。草帽星系的质量很大，约为13000亿个太阳的质量，其直径为14万光年。显著特征是有一个星光暗条横穿星系核。

猎犬座河外星系

著名的河外星系之一，是距离地球较近的旋涡星系。位于猎犬座北面，距离地球约1400万光年。该星系也属于旋涡星系，并有一个旋涡臂。天文学家认为，位于猎犬座旋涡星系中一颗围绕恒星运转的行星，很有可能生存着地外智慧生命。这颗类似于太阳的恒星被称为贝塔CVn，其周围的行星看起来具有一切生命和高级文明得以发展的先决条件。

大麦哲伦星系

大麦哲伦星系距离地球160000光年，是离地球较近的主要河外星系，约有100亿颗恒星。它们转一圈要10亿多年。形态类似不规则星系，不过也有螺旋结构的痕迹。

在此星系里存在着丰富的气体和星际物质，并且经历着恒星形成活动。

延 伸 阅 读

• 最小星系：美国加州大学尔湾分校的天文学教授通过对星系射出的光线进行观察，成功地找到宇宙中质量最小的星系，这一星系的质量约为太阳质量的1000万倍，属于白矮星系。

矮星系一览

大犬座矮星系

位于大犬座的方向，估计拥有10亿颗恒星，红巨星偏多，属于不规则星系，被认为是最接近银河系的矮星系，离银河系的中心约4.2万光年。它的外观接近椭圆形，在2003年11月由法国、意大利、英国和澳大利亚天文学家共同发现。

人马座矮椭球星系

以椭圆形环圈环绕银河系的一个矮星系，主要的核心部分是在1994年被发现的，直径大约10000光年，距离地球大约70000光年，距离银河核心50000光年，穿越银河极区的轨道绕行银河系。

牧夫座矮星系

是迄今所发现的最黯淡的星系，位于牧夫座的方向，距离地球19.7万光年。这个星系比已知的黯淡星系——大熊座矮星系和参宿七还黯淡，是已知最暗的星系。该星系曾受到银河系潮汐力破坏，有两串星迹在轨道上交叉成十字状。但一般被潮汐力破坏的星系只有一条星迹。

大熊座矮星系

是银河系的卫星星系，分类上属于矮椭球星系，由科学家贝丝等人在2005年宣布此一发现。这是一个小的矮星系，测量得到

的直径只有几千光年，距离地球约3.3万光年，大约是银河系最大与最亮的卫星星系大麦哲伦云离地球距离的两倍。它的亮度只比牧夫座矮星系亮，是已知星系中第二暗的星系。

延 伸 阅 读

凤凰座矮星系：是一个不规则星系，也是一个矮星系，是在1976年被Hans-Emil Schuster和理查德·马丁·韦斯特发现的。它与地球的距离约为144万光年。

宇宙星云知识

弥漫星云

弥漫星云没有明显的边界，呈现为不规则的形状，犹如天空中的云彩，但是都能观测到。它的直径在几十光年左右，密度平均为每立方厘米10个至100个原子。主要分布在银道面附近，比较著名的有猎户座大星云、马头星云等。

行星状星云

呈圆形、扁圆形或环形，有些与大行星很相像，因而得名，但和行星没有任何联系。它的样子有点像烟圈，中心是空的。有一颗很亮的恒星在行星状星云的中央，称为行星状星云的中央

星，是正在演化成白矮星的恒星。行星状星云的生命十分短暂，通常这些气壳在数万年之内便会逐渐消失。

超新星遗迹

超新星爆发时，恒星的外层向周围空间迅猛地抛出大量物质，这些物质在膨胀过程中和星际物质互相作用，形成丝状气体云和气壳遗留在空间，成为非热射电源，这就是超新星遗迹。

超新星遗迹是一类与弥漫星云性质完全不同的星云，它们是超新星爆发后抛出的气体形成的。

与行星状星云一样，这类星云的体积也在膨胀之中，最后也趋于消散。最有名的超新星遗迹是金星座中的蟹状星云，它是由一颗在1054年爆发的银河系内的超新星留下的遗迹。

旋涡星云

旋涡星云离地球最近的行星状星云，位于宝瓶座南部。这个星云虽然十分漂亮，但是在城市秋季的夜空中，就是用小型望远镜也无法找到。这是因为它离地球太近了，导致光源分散，必

须要通过广视野中型望远镜在较黑暗的夜空才能看清。倘若在农村，用强力双筒镜就有可能看到。

三叶星云

在1747年由法国天文学家勒让蒂尔首先发现。这个星云上有3条非常明显的黑纹，它的形状就好像是3片发亮的树叶紧密而和谐地凑在一起，因此被称作三叶星云。由于星云上面那格外醒目的3条黑纹，也有天文学家将它叫作三裂星云。三叶星云位于人马座，使用大型天文望远镜可以拍摄三叶星云的彩色照片。在三叶星云的中心有一个包含有炽热年轻恒星的疏散星团。这些恒星发

出强烈的辐射轰击周围星云中的氢原子，使它们失去了电子，当电子与质子再次组合时，它便发射出奇特的光——其中之一就是在星云中所能见到的红色光。

其他星云

有的星云是恒星的出生地，星云尘埃在引力作用下渐渐收缩成为新的恒星，如猎户座的M42星云。M42星云是位于猎户座的发射和反射星云，也是著名的猎户座大星云，属弥漫星团。也有的是老恒星爆炸后的残骸，如天鹅座的网状星云。网状星云是星核喷出的高能量物质火焰造成的。

延 伸 阅 读

气泡星云：这是一个灰尘气体星云，其直径为10光年。气泡星云是由一颗恒星燃烧时的脱离物质构成的，恒星燃烧时可释放出太阳数百倍亮度的光芒。该星云距离地球11000光年，位于仙后星座。

太阳系八大行星

水星

水星表面到处坑坑洼洼，褶皱、山脊和裂缝彼此相互交错。内部很像地球，分为壳、幔和核三层。

水星的白天气温较高，平均地表温度为179摄氏度，最高为427摄氏度，最低为零下173摄氏度。水星公转轨道呈扁形，公转速度为48公里/秒，是太阳系中运动速度最快的行星，绕太阳运行一周88天。除公转外，水星本身也在自转。

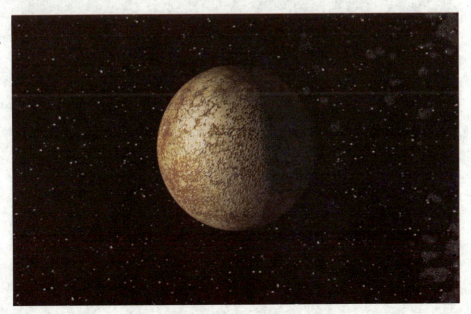

金星

金星是离地球最近的行星。在地球上观测到的亮度仅次于太阳和月球。由于浓厚的二氧化碳造成的温室效应，使得金星内部极为酷热，表面温度约480摄氏度。它的自转方向与其他行星相反，是自东向西。金星内的环形山都是串联的。

地球

从离地球数万公里的高空看地球，可以看到地球大气圈中水汽形成的白云和覆盖地球大部分的蓝色海洋，蓝色海洋使地球成为一颗"蓝色的行星"。

地球是太阳系从内至外的第三颗行星，也是太阳系中直径、质量和密度最大的类地行星。地球约有46亿岁，它以近24小时的周期自转并且以一年的周期绕太阳公转。

火星

除金星以外，火星是离地球最近的行星。火星的质量比地球质量小1/10，半径仅为地球半径的1/2左右。

火星是唯一能在地球处用望远镜看得很清楚的类地行星。通过望远镜，火星看起来像个橙色的球。随着季节变化，南北两极会出现白色极冠，在其表面上能看到一些明暗交替、不时改变形状的区域。

空间探测显示，火星上至今仍保留着大洪水冲刷的痕迹。根据科学家推测，火星上的早期曾比现在更温暖潮湿，可能出现过生命。

木星

是太阳系八大行星之一，也是一个气体行星。距太阳由近及远的顺序为第五，为太阳系体积最大、自转速度最快的行星。

木星的表面有红、褐、白等条纹图案，从此可以推测木星大气中的风向平行于赤道方向。

它的表面温度为零下150摄氏度。表面由液态氢及氦组成，地心为液态的金属氢。它的环的成分可能是矽酸盐类，宽度超过10万公里。木星拥有卫星超过61颗。

土星

是太阳系八大行星之一，至太阳距离由近及远的顺序位于第六，体积则仅次于木星。并与木星、天王星及海王星同属气体巨星。土星不但拥有美丽的环，而且还是一个木纹球。外观上看是一颗扁平行星，是类木行星中最"扁"的。

土星的风几乎都是西风，表面有时会出现白斑。它的环是扁平的固体物质盘，由无数颗细微的粒子汇集而成，绝大部分是冰。

它绕太阳公转一周约29.5年，公转速度约为9.6公里/秒。它拥有卫星超过35个。

天王星

从直径来看，天王星是太阳系中第三大行星。天王星的体积比海王星大，质量却比其小。它的轴线几乎平行于黄道面。

天王星大气的主要成分是氢，氦只占15%，此外还含有甲烷和微量的氨，有时会显出蓝色，主要是因为外层大气中的甲烷吸收红光。天王星也有光环，但都非常暗淡。其卫星已经命名的有15颗，还有两颗未命名。

海王星

海王星在直径上小于天王星，但质量比它大，其质量大约是

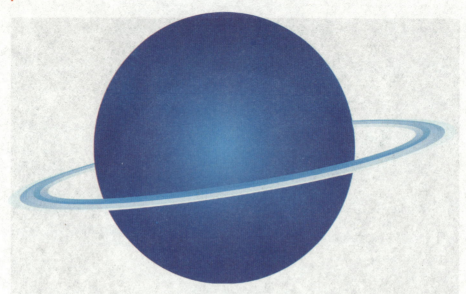

地球的17倍。它的大气主要由氢和氦组成，还有少量的甲烷和微量的氨，它的蓝色是甲烷吸收了日光中的红光造成的。海王星上按带状分布为大风暴或旋风，其风暴是太阳系中最快的，时速达到2000公里。

延 伸 阅 读

　　冥王星：曾经是太阳系九大行星之一，但后来被降格为矮行星。它距太阳最远，与太阳平均距离59亿公里。由美国天文学家汤博于1930年发现，并以罗马神话中的冥王命名。

宇宙的小行星

智神星

是太阳系第三大小行星，可能是太阳系内最大的不规则物体，即由于自身重力不足以将天体聚成球形。它由德国天文学家奥伯斯于1802年3月28日发现，是继谷神星之后第二颗被发现的小行星。德国数学家高斯测量了智神星的轨道，发现周期与谷神星相近，约为4.6年，但是轨道对黄道面的倾斜较大。它的直径约600公里。

义神星

平均直径119公里，由国外科学家亨克于1845年12月8日发现，是第五颗被发现的小行星。它的反照率甚高，其成分可能是镍、铁与硅酸镁及硅酸铁的混合物。通过测光发现它是逆向自转。

婚神星

处在火星跟木星的小行星带之间，它在数千万的小行星中体积排第四，直径240公里，也称3号小行星。由德国天文学家卡尔·哈丁发现。

婚神星是首颗被观测到掩星的小行星。1958年2月19日，在SAO112328前方经过。此后，又观测到了几次掩星，其成果由18位观测者于1979年12月11日共同完成。

灶神星

是第四颗被发现的小行星，也是小行星带质量最高的天体之一，灶神星的直径约为483公里。灶神星的表面光亮超过一般小行星的光亮，成为唯一一颗可在地球上用肉眼看到的小行星。灶神星的形状是扁圆球体，自转是小行星中较快的，方向是顺行。灶神星是被德国天文学家奥伯斯在1807年3月29日发现的。他以罗马神话的家庭与壁炉的女神命名。自1807年发现灶神星之后，在长达37年的时间中，人们再未发现其他的小行星。

阿波菲斯

是最大直径约400米的近地小行星。最新的计算方法和最近的数据表明，阿波菲斯于2036年4月13日撞击地球的可能性约为1/25万，在2029年4月13日距离地球表面29450公里，从而创造最接近地球的纪录。当然，这种纪录对地球而言是无害的。

阿波菲斯是埃及神话中的毁灭之神，以此命名也反映了其对于地球威胁之大。

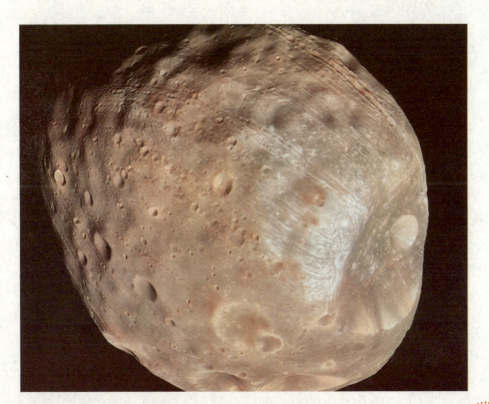

赛德娜

是一颗外海王星天体，于2003年11月14日由天文学家布朗、特鲁希略和拉比诺维茨共同发现。赛德娜与太阳的距离为海王星与太阳之间距离的3倍。在赛德娜大部分的公转周期中，它与太阳之间的距离比任何已知的矮行星都要遥远。它的表面温度不会超过零下240摄氏度。

爱神星

1898年8月13日由德国天文学家威特发现，被称为"胖香蕉"。爱神星是长33公里，厚度为13公里的迷你小行星。这颗行星的轨道偏心率很大，它的光度每小时都在改变。观察测出这种变光有规则的周期是5小时15分。它在远日点时又会逃出火星的轨道外。由于它的运动非常特别，所以科学家迟迟没有发现它。

延 伸 阅 读

小行星：是太阳系形成后的物质残余。有一种推测认为，它们可能是一颗神秘行星的残骸，这颗行星在远古时代遭遇了一次巨大的宇宙碰撞而被摧毁。

美丽的流星雨

狮子座流星雨

在每年的11月14日至21日左右出现。一般来说，流星的数目大约为每小时10颗至15颗，但平均每33年至34年狮子座流星雨会出现一次高峰期，流星数目可超过每小时数千颗。这个现象与坦普尔·塔特尔彗星的周期有关。由于狮子座流星雨的辐射点位于狮子座，因而得名。

双子座流星雨

在每年的12月13日至14日左右出现，最高时流量可以达到每小时120颗，流量极大，并且持续时间较长。双子座流星雨源自小行星1983 TB，科学家判断其可能是"燃尽"的彗星遗骸。双子座流星雨辐射点位于双子座，是著名的流星雨。

英仙座流星雨

每年固定在7月17日至8月24日这段时间出现，它不但数量多，而且几乎从来没有在夏季星空中缺席过，是最适合非专业流星观测者观测的流星雨，地位列三大周期性流星雨之首。

人们早在1862年就发现了英仙座流星雨母体斯威夫特·塔特尔彗星，它绕太阳一圈需要130年。1992年该彗星通过近日点前后，英仙座流星雨大放异彩，流星数目达到每小时400颗以上。

猎户座流星雨

为世界七大流星雨之一。猎户座流星雨有两种，辐射点在参宿四附近的流星雨在11月20日左右出现；辐射点在 ν 附近的流星雨于10月15日至10月30日出现，极大日在10月21日出现。

我们常说的猎户座流星雨是后者，它是由哈雷彗星造成的，哈雷彗星每76年就会回到太阳系的核心区，散布在彗星轨道上的碎片，就形成了猎户座流星雨。

天龙座流星雨

天龙座流星雨也称为贾可比尼流星雨，其母彗星是21P/贾可比尼·秦诺彗星。

21P彗星于1900年才被天文学家发现，它的运行周期是6.61年。

天龙座流星雨在每年的10月6日至10日左右出现，极大日是10月8日。该流星雨是全年三大周期性流星雨之一，最高时流量可以达到每小时400颗。

1933年和1946年，天龙座流星雨出现了两次特大爆发，从而成为20世纪最灿烂的流星雨，天龙座流星雨也由此跻入最著名的流星雨行列。

金牛座流星雨

在每年的10月25日至11月25日左右出现，一般11月8日是其极大日。它是与恩克彗星相关联的流星雨，恩克彗星轨道上的碎片

形成了该流星雨，极大日时平均每小时可观测到5颗流星曳空而过，虽然其流量不大，但由于其周期稳定，所以也是广大天文爱好者热衷的对象之一。

象限仪座流星雨

活动期为1月1日至5日，1月3日左右达到极大，每小时约为120颗，经常在60颗至200颗之间变化。流星的速度属于中等，每秒41公里，亮度较高。该流星雨的辐射点位于北极星附近。

天琴座流星雨

一般出现于每年的4月19日至23日，通常22日是极大日。因此也称为4月天琴座流星雨，而因辐射点在天琴座α，即织女星附近，所以也称为天琴座α流星雨。这个流星雨已经被观察了2600年之久，其母体是佘契尔彗星。

彗星1861I的轨道碎片形成了天琴座流星雨，该流星雨作为全年三大周期性流星雨之一，在天文学中也占有极其重要的地位。

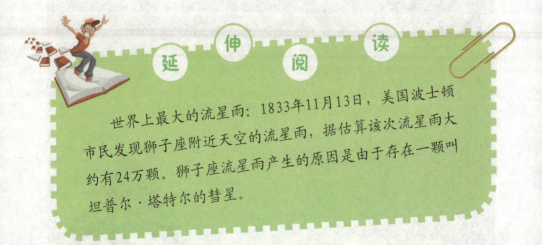

延 伸 阅 读

世界上最大的流星雨：1833年11月13日，美国波士顿市民发现狮子座附近天空的流星雨，据估算该次流星雨大约有24万颗。狮子座流星雨产生的原因是由于存在一颗叫坦普尔·塔特尔的彗星。

常见的周期彗星

哈雷彗星

是每76.1年环绕太阳一周的周期彗星，也是人类首颗有记录的周期彗星，因英国物理学家爱德蒙·哈雷（1656~1742）首先测定其轨道并成功预言回归时间而得名。有最先和最完备的哈雷彗星记录的是我国，据科学家考证：自公元前240年至1910年共有29次记录，并符合计算结果。哈雷彗星的轨道周期为76年至79

年，下次过近日点的时间为2061年7月28日。

恩克彗星

是亮度较微弱、出现次数最多的一颗彗星。最早发现于1786年1月17日，直至1818年11月26日又发现后才由法国天文学家恩克计算出轨道，周期为3.3年，并且预言1822年5月24日再回到近日点。

比拉彗星

是一颗已消失的短周期彗星，它以一位奥地利业余天文学家来命名。1772年，法国天文学家梅西尔首度发现该彗星。到1826年2月，彗星通过近日点，由奥地利人比拉再度发现，并且计算出轨道及其公转周期6.6年。

这是第三颗有记录的周期彗星，1846年分裂为彗核和彗发两部分。1852年双双返回，却相差240万公里，形状和大小没有太大变化，由此形成了两颗彗星。比拉彗星虽然没有哈雷彗星那样有名，但是它也是一颗比较特殊的彗星。它是彗星中分裂最显著的，它变化多端，被人称为"神出鬼没"的彗星。

法叶彗星

　　为一颗周期彗星，由法叶于1843年11月25日在法国巴黎皇家天文台发现。1844年经过天文学家的计算后，确定法叶彗星为短周期彗星。1999年5月6日回归时，彗星最大亮度达到13星等。2006年11月15日法叶彗星再度回归，最大亮度约为8星等。下次将在2014年5月29日回归。

科胡特克彗星

　　是由捷克天文学家科胡特克于1973年3月7日发现的。科胡特克彗星的轨道为双曲线。它被科学家认为可能是世纪大彗星，

因为它是一个奥尔特云天体，并被推断是首次接近太阳。这是继1965年池谷·关大彗星后又一颗明亮的大彗星，其最大亮度曾达到了−2星等或−3星等。但是后来发现，这颗彗星并不如预期中的明亮，经过仔细研究后，天文学家才发现科胡特克彗星只是一个古柏带天体，所以无法达到预期的亮度。

塔特尔彗星

是一颗周期彗星，回归周期为13.6年。2007年12月初，北半球的观测者在北极星附近看到了这颗彗星。2008年1月2日掠过地球，一个月后南半球观测者也看到了它。塔特尔彗星是12月下旬小熊座流星雨的母彗星。塔特尔彗星被确认为第八颗周期彗星，所以，它现在被指定为"8P/塔特尔"。"8P/塔特尔"彗星的近日点距离将其置于地球轨道之外，相距1536万公里。

紫金山2号彗星

是太阳系的一颗短周期彗星，轨道周期为6.8年。1965年中科院紫金山天文台的天文学家发现两颗新周期彗星，分别命名为紫金山1号彗星和紫金山2号彗星。这是我国最早发现并获命名的两颗彗星。

杨彗星

是一颗周期彗星，它是由香港业余天文学家杨光宇于2002年3月发现的。2008年10月，该彗星通过近日点。通过计算，它于2011年接近木星，其轨道会因摄动而改变，因此预计它会于2017年回归。

延 伸 阅 读

池谷·关彗星：由日本业余天文学家池谷薰和关勉于1965年9月4日发现，于10月2日过近日点，其光度大增。该彗星视星等达11星等，比满月的光度还要亮60倍，在白天也能看见它，因此，它是近千年来最光亮壮观的彗星之一。

常见的矮行星

矮行星命名

2006年8月24日，在捷克首都布拉格举行的第26届国际天文联合会的大会中确认了矮行星的称谓与定义，决议文对矮行星的描述是：

以轨道绕着太阳的天体。

有足够的质量以自身的重力克服固体应力，使其达到流体静力学平衡的形状（几乎是球形的）。

未能清除在近似轨道上的其他小天体。

不是行星的卫星，或是其他非恒星的天体。

随后，国际天文联合会把5颗已知的天体：冥王星、谷神星、阅神星、鸟神星和妊神星划入矮行星之列。而该会后来亦把外海王星天体或者小行

带的一些符合定义的太阳系天体划入矮行星之列。

大会还立下了行星的新定义，一颗行星首先是一个天体，这个天体必须满足：

围绕太阳运转。

有足够大的质量来克服固体应力，以达到流体静力平衡的(近于圆球)形状。

清除所在轨道上的其他天体。

冥王星

1930年，美国天文学家汤博发现冥王星，当时他错估了冥王星的质量，以为冥王星比地球还大，所以命名为大行星。

冥王星是目前太阳系中最远的行星，其轨道最扁，从发现它到现在，人们只看到它在轨道上走了不到四分之一圈，因此过去对其知之甚少。

而且冥王星的质量远比其他行星小，甚至在卫星世界中它也只能排在第七、第八位左右。冥王星的表面温度很低，因而它上面绝大多数物质只能是固态或液态，即其冰幔特别厚，只有氢、氦、氖可能保持气态，如果上面有大气的话也只能由这三种元素组成。

1978年，美国天文学家发现冥王星有卫星。这一发现使得科学家相信，冥王星的实际大小比原来估计的要小得多，甚至比月球还要小。由于它的质量过小，所以冥王星没有吸引它的卫星围绕着冥王星本身在运转，而是冥王星和它的卫星在围绕着两者中间的一个公共点在运转。

根据新的行星的定义，冥王星已经不在符合行星定义了，其一就是它的质量不是足够大。矮行星与行星定义的不同处只在于矮行星未能清除在轨道上相邻的小天体，因而使冥王星从行星改列为矮行星，因为它未能清除柯伊伯带上邻近的小天体。

冥王星无论是多年前被定义为行星，还是如今被列为矮行星，冥王星从未也无法为自己辩护，它只能默默地接受着一切，堪称最郁闷的行星。

谷神星

1801年，意大利天文学家皮亚齐发现了一颗小行星，这是人类发现的第一颗小行星，位于火星与木星之间的小行星带中。皮

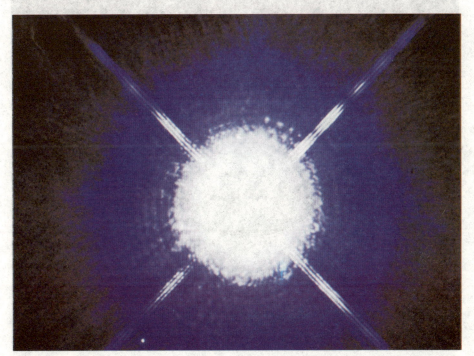

亚齐把它命名为"谷神星"。

谷神星，又被称为1号小行星。是太阳系中最小的、也是唯一一颗位于小行星带的矮行星。谷神星的直径约950公里，是小行星带之中已知最大、最重的天体，约占小行星带总质量的三分之一。

谷神星与其他类似地球的行星一样，是由岩石所组成的，而且其外观呈现圆形，显示可能在内部有分层结构的产生。木星的强大的重力影响有可能是让谷神星没有办法成为一个大型行星的原因。

每年的5月11日前后，都将会发生谷神星冲日，届时，谷神星、地球与太阳将呈一条直线，地球位于两者之间，谷神星的亮度会达到最高值。

　　2003年底及2004年初，哈勃太空望远镜首度摄得谷神星的外貌，发现它相当接近球形，而且表面具有不同的反照率，相信拥有复杂的地形，有天文学家甚至推测谷神星的具有冰质的幔及金属的核心。

　　2006年6月，美国太空总署发射Dawn探测器前往谷神星，预计于2015年8月到达。

阋神星

　　2003年10月31日，美国天文学家迈克尔·E·布朗和他的天文小组在美国加里福尼亚州帕洛玛天文台作例行观察，拍摄了很影像。

　　2005年1月，该小组透过对比这些照片背景星空时，从它缓慢的移动中发现了一颗小行星，编号为2003 UB313，名字暂称为"齐娜"。接着的观察，该小组初步找出它的轨道位置，估计它的直径和大小。

　　阋神星是现已知太阳系中最巨大的矮行星，在所有直接围绕太阳运行的天体中排名第九。阋神星公转轨道为椭圆形，公转一周需要560年。估测直径约为2300－2400公里，比冥王星重约

27%，质量约为地球质量的0.27%。它的大气由甲烷和氮组成，由于距离太阳较远，大气结成了冰。内部结构可能是冰和岩石的混合物。

在2006年第26届国际天文学大会上，把2003 UB313划入矮行星之列，赋与小行星编号136199号，并以希腊神话中的阋神"厄里斯"命名。

"阋神星"这个名字，是2007年6月16日在扬州召开的天文学名词审定委员会工作会议上确定的，

2010年11月6日，对阋神星掩星的初步结果显示，其直径约

2326公里，误差±12公里。从标准差来估计，现在还很难确定阋神星和冥王星哪个更大。

鸟神星

直径大约是冥王星的3/4，没有卫星。鸟神星的平均温度为零下243.2摄氏度，这意味着它的表面覆盖着甲烷与乙烷，并可能还存在固态氮。鸟神星的轨道周期大约是310年。

鸟神星于2005年3月31日，是由迈克尔·E·布朗领导的团队发现的，并在2005年7月19日将此发现与阋神星的发现一同公布。

在鸟神星的发现被公之于众时，迈克尔·E·布朗曾使用过2005 FY9的暂定名称。而在此之前，发现的团队还曾使用"复活兔"作为该天体的代称，因为它是在复活节过后不久被发现的。

2008年7月这颗矮行星被正式命名为鸟神星。这个名字来自复活节岛原住民神话中的人类创造者和代表生育的神。它是太阳系内已知的矮行星中第三大的，也是传统的柯伊伯带天体族群中最大的两颗之一。它没有卫星，是一颗孤独的外海王星天体。

妊神星

是柯伊伯带的一颗矮行星，它的质量是冥王星质量的1/3。它的轨道周期为283地球年，亮度波动周期很短，只有3.9小时，表面富含大量结晶水冰。

　　它的自转速度非常快，没有任何一颗直径大于100公里的已知天体拥有如此快的自转速度。它有两颗卫星分别为妊卫一和妊卫二。妊神星于2004年被发现，2008年9月17日被定为矮行星，并被以夏威夷生育之神哈乌美亚命名。

　　何已知的矮行星都要遥远。它的表面温度不会超过零下240摄氏度。

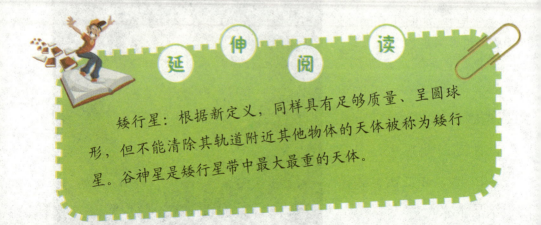

　　矮行星：根据新定义，同样具有足够质量、呈圆球形，但不能清除其轨道附近其他物体的天体被称为矮行星。谷神星是矮行星带中最大最重的天体。

宇宙天体之最

最亮的行星

在地球上，人类肉眼可以看到五大行星，其中最亮的就是金星。人们常常在早晨看见的启明星就是金星，金星的亮度虽然不如太阳和月亮，但比著名的天狼星要亮14倍，犹如一颗耀眼的钻石。金星不仅亮度很高，也很有个性，它是太阳系内唯一逆向自

转的大行星，自转方向与其他行星相反，是自东向西。

最古老的恒星

自古以来，人们经常会用天荒地老来比喻时间的长久，可是天荒地老的时间却没有一颗星星的寿命长。在距离地球3.6万光年的地方，有一颗编号为HE0107-5240的巨星，它的年龄大约有132亿岁。

最快的恒星

2005年，美国的天文学家发现了一颗恒星，其运行速度每小时超过240万公里。天文学家推测这颗星星运行速度如此之快，很可能是由于8000万年前一颗恒星和银河系中心的特大质量黑洞相

遇促成的。不过这颗高速运转的恒星最终将飞离银河系，这也是人类发现的第一颗将要"逃跑"的恒星。

最热的白矮星

太阳是地球上光和热的来源，而我们夜晚面对星空，只看到点点闪闪的光芒，却不知道其中有的星星同样散发着光和热。一颗编号为H1504+65的白矮星表面温度高达20万摄氏度，是太阳表面温度的30倍。

这颗最热的白矮星自1985年首次发现以来，就引起了天文学家们的高度关注，但是却一直没能被精确测算出来其确切温度。通过多年努力，科学家们终于在2008年成功测出了它的表层温度，令科学家们感到吃惊的是，这个温度之高竟已远远超出目前已经发现的所有星体的温度。

最大的恒星

目前人类观测到的最大恒星是海山二星，该星位于船底座。它距地球7500光年，质量为太阳的120倍至150倍，位居银河系榜首。海山二星位于银河系的"恒星摇篮地带"，这个位置附近一

直以来是许多恒星诞生的地方。虽然如今光亮不再，但这颗巨星也曾闪亮过，亮度最高的时候，人们在白天都可以看到它。

海山二星属于亮蓝变星，活动极不稳定，经常会发生特大的爆发，期间甚至其形状也会由圆形变为哑铃型，而体积甚至会比太阳系还要大。

最美的星系

星星是浪漫的代名词。在距离地球3亿光年的银河系边缘，有两个上演着"探戈"的巨大星系。这两个星系是由数十亿颗恒星和气体云组成，都呈螺旋状。右侧较大星系的恒星、气体和灰尘形成一个"手臂"，包围在左侧较小的星系，在相互作用下慢慢地摆出各种优美舞姿。

最年轻的行星

美国航天航空局在2004年对外宣布，他们发现了一颗形成不超过100万年的"婴儿"行星。这颗行星很可能是目前已知的所有行星中最为"年轻"的。这颗"婴儿"行星大约诞生在100万年前，位于距地球420光年的金牛座，并围绕着一颗年龄与之接近的恒星公转。目前研究人员已经发现了100多颗太阳系外的行星，但这些行星基本都在10亿岁以上，而我们生活的地球则有45亿岁，已经进入中年。

延 伸 阅 读

天狼星：是夜空中最亮的恒星，是比太阳亮23倍的蓝白星，体积略大于太阳，直径是太阳的1.7倍，表面温度是太阳表面温度的2倍，高达10000摄氏度。天狼星只有在冬天或早春时才容易看见。

银河系的科学考察

银河气弧的磁场

美国天文学家莫里斯等人利用国家天文台，观察到银河系中心有一道由星际圆盘伸延而出的巨型气弧，它与银河系圆盘几乎垂直，我们称之为银河气弧。

银河气弧的长度估计在150光年以上，由长条丝状体组成，像绳索一样能随意扭转。

银河系中的生物

在太阳系中水星极靠近太阳，而离太阳比火星更远的所有外行星则受阳光照射太弱，不够温暖。地球处在太阳系生命带内部，火星和金星靠近此带边缘。

尽管火星有大气并且含有水分，但是并没有发现生物细胞的任何迹象。金星表面温度超过450摄氏度，所以金星也不是生物栖息的场所。

银河系的未来情况

目前的观测认为，仙女座星系正以每秒300公里的速度朝向银河系运动，预计在30亿至40亿年后可能会撞上银河系。即使真的发生碰撞，太阳以及其他的恒星也不会互相碰撞，但是这两个星系可能会花上数十亿年的时间合并成椭圆星系。

银河系外发现行星

2010年，德国科学家在《科学快讯》杂志上指出，他们在一颗起源于银河系外的恒星附近发现了一颗新行星。这是人们首次发现起源于银河系之外的行星。这颗行星被命名为HIP 13044b，体积是木星的1.25倍，距离地球2000光年。

据研究，它们属于赫米恒星流，即60亿至90亿年前银河系吞噬迷你星系后残留的天体。这颗行星环绕的恒星的生命已经快走到尽头，在这个时期，它可能会消耗掉其内部的行星。

延 伸 阅 读

大犬座是南天星座之一，找大犬座首先要找到著名的猎户座，从猎户座腰带上的一排3颗星向东南方向，便可看到1颗全天最亮的恒星——天狼星，天狼星所在的星座，就是大犬座。

大犬座西接天兔座，东面和南面与船底座相联。冬季夜晚南方天空中，大犬座是最受人注目的星座之一，整个星座的形状，就像一只猎犬正扑向西面的那只兔子。

太阳系的科学考察

第二个太阳系存在吗

近来，开普勒探测器发现，在距离地球仅127光年处存在类似于太阳系的一个行星系统，该行星系统内存在5颗行星环绕恒星运行。行星的排列方式与太阳系十分相似，据推测可能是银河系的第二个太阳系。

太阳系有十大行星吗

1977年底，美国天文学家科瓦尔在天王星和土星之间发现一个环绕太阳运行的天体。后经天文学家半年多的努力观测，认为它还不够大行星的资格，基本上认为它只是一颗小行星，这就是"卡戎"小行星。由于冥王星已从九大行星中清除，所以，太阳系现在不可能有十大行星。

有生物栖息的行星

一个行星存在生命至少应该满足的条件是，它与所属恒星的距离使得辐射在它表面造成液态水所需的温度。假想凡是可能孕育生命的场所，生物实际上都已出现，那么银河系中可能有着上百万个居住生物的行星。

在美国航空局工作的科学家迈克尔·H·哈特指出，只要把我们对太阳的距离缩短5％，地球上的生物就会因酷热而不能生存；若将这段距离加长1％，地球又要被冰川覆盖。也就是说，我们所居住的行星伸缩余地是不大的。因此他认为，只要外部条件合适，那么，使生物能进化到较高级阶段的行星，在银河系中最多可达100万个。

彗星活动与地球怪象

数百年来，人们都把彗星看成是一颗灾星，世人把地球上发生的大灾难都归罪于它。战争、瘟疫、洪水和地震都说成是彗星

搞的鬼。据调查，当地球上发生大地震的时候，正好是彗星离地球最近的时候。

AS325是不是铁星

AS325是人马座的一颗星，它的光谱非常特殊，低色散光谱显示了叠加在连续谱上的氢发射线和电离钙发射线。

天文学家从这个天体上拍到的中、高色散光谱中，发现红色的Ha发射线很强，很复杂，并且变化很多，在黄波段里，至少发现了两条D钠吸收线。他们还发现，在蓝波段上主要是氢发射线，还有数十条亮铁线。

从AS325的光谱中，也发现了大量金属发射线，因此，有人提出AS325可能是一颗铁星。

甚至有人把AS325同特殊变量蛇夫座的一颗星进行过比较，天文学家梅里尔因首先研究过蛇夫座的这颗星，后来，人们把它称为"梅里尔铁星"。

流星为何会发出声音

现在，科学家们一致认为电声流星是客观存在的，他们认为，这都是由流星飞行时发出的电磁波引起的。这些电磁波以光速传播，进入大气层的速度是11000米/秒至72000米/秒。一些人的耳朵能够通过某种方式把电磁振荡转换成声音，而另外一些人则听不到任何声音。

怪星是否真的存在

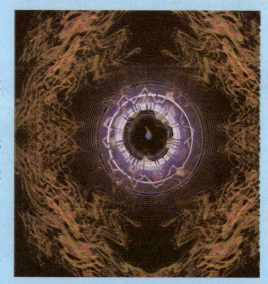

20世纪30年代，当时天文学家在观测星空时发现了一种奇怪的天体。对它的光谱进行的分析表明，它既是冷的，只有两三千摄氏度；同时又是十分热的，可达到几万摄氏度。也就是说，冷

热共生在一个天体上，因而在1941年，天文学界把它定名为"共生星"。

它是一种同时兼有冷星光谱特征和高温发射星云光谱的复合光谱的特殊天体。几十年来已经发现了约100个这种怪星。

延 伸 阅 读

比邻星：是距离太阳最近的恒星，它是由天文学家罗伯特·因尼斯于1915年在南非发现的。它位于从地球看来西南方向2度的位置。如果用最快的宇宙飞船到比邻星去旅行的话，来回需要17万年时间。

月球的科学考察

神奇的月海

17世纪时著名的物理学家和天文学家伽利略第一次发现月球表面有很多阴暗的区域，如同地球上的海洋一般，因此称其为月海。它虽被称为"月海"，却连一滴水也没有。

月海是月球表面的主要地理单元，总面积约占全月面的25%。迄今已知的月海有22个，绝大多数月海分布在面向地球的月球一面，称正面，正面月海约占半球面积的一半，月球背面只有东海、莫斯科海和智海共3个，而且面积很小，占半球面积的2.5%。

比较多人认为月海是小天体撞击月球时，撞破月壳，使月幔流出，玄武岩岩浆覆盖了低地，形成了月海。但也有科学家根据对月球各类岩石成份、构造与形成年龄的研究，认为月球约形成于45.6亿年前。

最大的月海叫"风暴洋"，位于月球的东北部，面积达500万平方公里，约等于9个法国的面积。

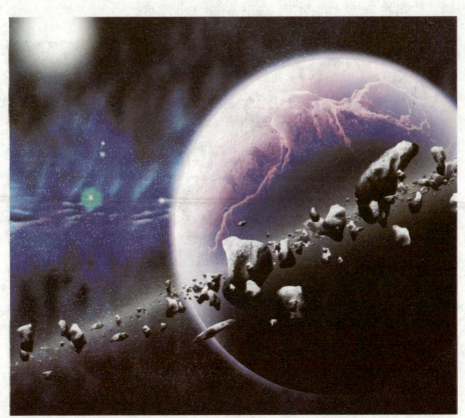

太阳和月亮同时升起

日月并升有几种情况：一是太阳和月亮合为一体，同时升起；二是太阳升起不久，月亮才出现，并时刻围绕着太阳；三是月亮先出，几乎在同一直线上太阳随之出来，太阳托住月影一起升起；四是月影先在日轮中，后又跳出日轮；五是月影在日轮中一同升起，直至月影消失。

月球上有水吗

科学家们研究了月球的有关资料发现，在月球赤道附近，月面温度正午时是130摄氏度，夜间则降至零下150摄氏度，温差大得惊人。而在月球极地，温度经常在零下200摄氏度左右，在这种

情况下，是有可能存在冰的。还有些科学家认为，如果月球与地球是以同样方式诞生的话，那么当初月球上也应该有水。如果月球上有水，那一定会为太空开发、登月旅行及月球基地建设带来很大的方便。

月球是空心的吗

月球到底是实心还是空心，我们无法用天平去称，也不能用阿基米德浮力定理将其放入海洋中去测量。唯一的办法就是用更为先进的探测手段去测量，比如测量共振频率，判断其共振时间持续长短，或用无线电波探

测等方法。

　　1969年11月20日4时15分，由"阿波罗12号"制造了一次人工月震，其结果充分说明月球可能是空心的。后来，又进行了几次人工月震，其实验结果表明，月球内部并不是冷却的坚硬熔岩。

月球是人类第二个家吗

　　科学家说：液态水是动植物生命存在的基础，凡有液态水存在的地方，就有生命存在的理由。

　　1998年3月5日，美国科学家们在月球表面陨石坑阴暗的深处发现了水。科学家由此推测，月球上可能存在着智慧生命。换句话说，就是月球上没有智慧生命，那么，它也可能是地球人类的第二个家。因为有水的地方，生命就能够存活。

究竟谁最早登上月球

1969年7月20日美国时间22时56分，3名美国宇航员叩开了冷寂的月宫大门。两名宇航员走下太空舱，双脚踏上了月球的土地，全世界公认，这是人类有史以来第一次对月球做的最伟大的探险。

宇航员阿姆斯特朗成为第一个登上月球并在月球上行走的人。当时他说出了此后在无数场合常被引用的名言："这是我个人迈出的一小步，但却是人类迈出的一大步。"

延 伸 阅 读

最大的月海：风暴洋，其南北径约2500公里，面积约400万平方公里。位于月球西半球，面向地球一面的西侧，是一片广阔的灰色平原，四周有小型的月海。